目錄 CONTENTS

分數

【分數表示法】

① 每個整數之間都是 6 等分,所以每格都是 $\frac{1}{6}$

故每個括號中應填入的分數如下

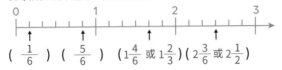

$(\ \frac{1}{6}\ )\ (\ \frac{5}{6}\ )\ (1\frac{4}{6}\ 或\ 1\frac{2}{3})\ (2\frac{3}{6}\ 或\ 2\frac{1}{2})$

【假分數與帶分數】

① 帶分數:$6\frac{4}{5}$ 杯　假分數:$\frac{34}{5}$ 杯

滿杯的水有 6 杯,還有 1 杯的水高占 5 格中的 4 格

故圖中的水總共是 $6 + \frac{4}{5} = 6\frac{4}{5}$ 杯,此為帶分數的表示方式

若以假分數表示,則為 $\frac{5 \times 6 + 4}{5} = \frac{34}{5}$ 杯

【擴分與約分】

① $\frac{15}{9} = \frac{5}{3}$(用 3 約分)

　$= \frac{25}{15}$(用 5 擴分)

② $\frac{42}{105} = \frac{14}{35}$(用 3 約分)

　$= \frac{2}{5}$(用 7 約分)

③ 糖果

巧克力平分後,每包 $5 \div 11 = \frac{5}{11}$ 公斤

糖果平分後,每包 $7 \div 15 = \frac{7}{15}$ 公斤

因為 $\frac{5}{11} = \frac{5 \times 7}{11 \times 7} = \frac{35}{77}$,$\frac{7}{15} = \frac{7 \times 5}{15 \times 5} = \frac{35}{75}$,且 $\frac{35}{77} < \frac{35}{75}$

所以各取 1 包比較,糖果會比較重

【分數的加減】

① $6\frac{4}{15} + 7\frac{12}{15} = (6+7) + \left(\frac{4}{15} + \frac{12}{15}\right) = 13 + \frac{16}{15} = 14\frac{1}{15}$

② $\frac{1}{3} + \frac{2}{5} = \frac{5}{15} + \frac{6}{15} = \frac{11}{15}$

③ $5\frac{2}{7} - 1\frac{3}{5} = \frac{37}{7} - \frac{8}{5} = \frac{185}{35} - \frac{56}{35} = \frac{129}{35} = 3\frac{24}{35}$

④ $\frac{3}{4}$ 公升

弟弟比姊姊多喝的水量 $= 2\frac{1}{8} - 1\frac{3}{8} = \frac{17}{8} - \frac{11}{8} = \frac{6}{8} = \frac{3}{4}$ 公升

⑤ 15 顆

小安、小恩、小宜總共吃 $\frac{1}{4} + \frac{2}{12} + \frac{1}{3} = \frac{3+2+4}{12} = \frac{9}{12} = \frac{3}{4}$ 袋

所以袋中還剩下 $1 - \frac{3}{4} = \frac{1}{4}$ 袋，即剩下 $60 \times \frac{1}{4} = 15$ 顆軟糖

⑥ $1\frac{44}{45}$ 公里

小仲上、下午共跑了 $\frac{7}{9} + \frac{18}{15} = \frac{7}{9} + \frac{6}{5} = \frac{7\times5+6\times9}{45} = \frac{89}{45} = 1\frac{44}{45}$ 公里

【分數的乘除】

① $\frac{11}{8} \times 4 = \frac{11}{2} = 5\frac{1}{2}$

② $\frac{2}{11} \times \frac{44}{21} = \frac{4}{3} = 1\frac{1}{3}$

③ $2\frac{4}{5} \times \frac{7}{4} = \frac{14}{5} \times \frac{7}{4} = \frac{49}{10} = 4\frac{9}{10}$

④ 大

因為 $\frac{7}{5}$ 大於 1，所以 $\frac{4}{3} \times \frac{7}{5}$ 的計算結果會比 $\frac{4}{3}$ 還要大

驗證：$\frac{4}{3} \times \frac{7}{5} = \frac{28}{15} > \frac{20}{15} = \frac{4}{3}$

⑤ $4\frac{2}{7} \div \frac{5}{7} = \frac{\overset{6}{\cancel{30}}}{\underset{1}{\cancel{7}}} \times \frac{\overset{1}{\cancel{7}}}{\underset{1}{\cancel{5}}} = 6$

⑥ $2\frac{1}{3} \div 4\frac{1}{5} = \frac{\overset{1}{\cancel{7}}}{3} \times \frac{5}{\underset{3}{\cancel{21}}} = \frac{5}{9}$

⑦ C

因為除以真分數後，商會比被除數大，所以 $\frac{1}{7}$ 除以真分數後，會比原分數大

驗證：假設除以 $\frac{2}{3}$，可得 $\frac{1}{7} \div \frac{2}{3} = \frac{1}{7} \times \frac{3}{2} = \frac{3}{14} > \frac{2}{14} = \frac{1}{7}$

⑧ 可裝成 37 瓶，還剩下 $\frac{2}{5}$ 公升

因為 30 公升的大豆沙拉油，每 $\frac{4}{5}$ 公升裝成 1 瓶，所以 $30 \div \frac{4}{5} = 30 \times \frac{5}{4} = \frac{75}{2} = 37\frac{1}{2}$

表示可裝 37 瓶，還剩下 $\frac{1}{2}$ 瓶，即剩下 $\frac{1}{2} \times \frac{4}{5} = \frac{2}{5}$ 公升

⑨ 900 公尺

因為剩下 $\frac{2}{5}$ 的路程，表示已經走了 $\frac{3}{5}$ 的路程，此段長 540 公尺

故路程總長 $= 540 \div \frac{3}{5} = 540 \times \frac{5}{3} = 900$ 公尺

小數

【分數與小數的換算】

① $\frac{3}{5} = \frac{60}{100} = \frac{6}{10}$
$\quad\quad = 60$ 個 0.01
$\quad\quad = 0.6$

② B、D

7.07 $= 7 + 0.07$，其中 0.07 表示有 7 個 0.01，即 $\frac{7}{100}$，所以 $7\frac{7}{100}$ 與 7.07 相等

又 $\frac{707}{100} = \frac{700+7}{100} = 7\frac{7}{100}$，故 $\frac{707}{100}$ 也與 7.07 相等

【小數的點數順序】

① 10 與 10.1、10.1 與 10.2 之間皆為 10 等分，所以每格都是 0.01

因為 $10.05 = 10 + 0.05$，$10.12 = 10.1 + 0.02$

故 10.05、10.12 標示位置如下

【小數的比大小】

① A

A、B 兩數中，個位都是 3，十分位都是 0

但 A 的百分位是 9，B 的百分位是 0

因為 9 > 0，故 A > B

【加減計算題】

① 21.71

$$
\begin{array}{r}
23.81 \\
-\ \ 2.1\ \ \\
\hline
21.71
\end{array}
$$

② 4.87

```
        10 10
      2 3  3 10
      3̶4̶.4̶5
    − 29.58
    ─────────
       4.87
```

③ 17.1035

```
        1  1 1
       4.6750
    +  12.4285
    ──────────
      17.1035
```

④ 22.0863

```
         9 9
       2 10 10 10
      27.3000
    −  5.2137
    ──────────
      22.0863
```

【乘除計算題】

① 630.87

```
        12.37
    ×     51
    ─────────
       12 37
      618 5
    ─────────
      630.87
```

② 45.15

```
        30.1
    ×    1.5
    ─────────
      15 0 5
      30 1
    ─────────
      45.1 5
```

6

③ 100 倍

　因為 $68 \times 31 = 100 \times 0.68 \times 31$，所以它是 0.68×31 的 100 倍

④ $0.006 \times 30 = 0.001 \times 6 \times 30 = 0.001 \times 180 = 0.18$

⑤ 1.3

$$
\begin{array}{r}
1.3 \\
12\overline{)15.6} \\
\underline{12} \\
3\,6 \\
\underline{3\,6} \\
0
\end{array}
$$

⑥ 1.016

$$
\begin{array}{r}
1.016 \\
125\overline{)127} \\
\underline{125} \\
2\,00 \\
\underline{1\,25} \\
750 \\
\underline{750} \\
0
\end{array}
$$

⑦ 5.3

$$
\begin{array}{r}
5.3 \\
10{,}8\overline{)57{,}2.4} \\
\underline{54\,0} \\
3\,2\,4 \\
\underline{3\,2\,4} \\
0
\end{array}
$$

⑧　$0.12 \div 0.12 > 0.12$

　因為除以小於 1 的數，商會比被除數大，所以$0.12 \div 0.12 > 0.12$

　驗證：$0.12 \div 0.12 = 1 > 0.12$

【乘除應用題】

①　49.44 公里

　因為 1 小時可走 4.12 公里，所以 12 小時共可走 $4.12 \times 12 = 49.44$ 公里

②　2.532 公斤

　因為每 1 大袋米重 4.22 公斤，總共有 $4.22 \times 6 = 25.32$ 公斤

　故平分成 10 包後，每包米重 $25.32 \div 10 = 2.532$ 公斤

③　可裝成 28 杯，還剩下 0.4 公升

　因為每 0.45 公升裝成 1 杯，所以 $13 \div 0.45 = 28 \ldots 0.4$

　即可裝成 28 杯，還剩下 0.4 公升

四則運算

【四則混合計算題】

① $45 \times (74 - 58) = 45 \times 16 = 720$

② $268 + 32 \times 5 = 268 + 160 = 428$

③ $14 + 91 \div 7 = 14 + 13 = 27$

④ C

840 ÷ (32 ÷ 8) 省去括號後，按照「由左到右」的計算規則會得到

$840 \div 32 \div 8 = 26.25 \div 8 = 3.28125$

與原本的算式 $840 \div (32 \div 8) = 840 \div 4 = 210$（括號內得先計算）不同

⑤ $157 \times 328 - 57 \times 328 = (157 - 57) \times 328 = 100 \times 328 = 32800$

⑥ $8800 \div 25 \div 4 \div 8 = 352 \div 4 \div 8 = 88 \div 8 = 11$

【四則混合應用題】

① 依題意，可列出 $1000 - 93 \times 6 = 1000 - 558 = 442$，故可找回 442 元

② 2824 元

依題意，可列出 $10000 - 1998 - 599 \times 2 - 3980 = 8002 - 1198 - 3980$
$$= 6804 - 3980$$
$$= 2824$$

故還剩下 2824 元

【分數與小數的混合計算】

① $18\frac{2}{7} - 6\frac{3}{7} \times 2\frac{1}{3} = \frac{128}{7} - \frac{45}{7} \times \frac{7}{3} = \frac{128}{7} - 15 = \frac{128-105}{7} = \frac{23}{7} = 3\frac{2}{7}$

② $\frac{5}{14} \times 2\frac{1}{10} + 5\frac{1}{2} = \frac{5}{14} \times \frac{21}{10} + \frac{11}{2} = \frac{3}{4} + \frac{11}{2} = \frac{3+22}{4} = \frac{25}{4} = 6\frac{1}{4}$

③ $120 + 2.4 \times 12 \div 0.4 = 120 + 28.8 \div 0.4 = 120 + 72 = 192$

④ $0.5 \times \left(\frac{2}{5} + 1.6\right) = \frac{1}{2} \times \left(\frac{2}{5} + \frac{8}{5}\right) = \frac{1}{2} \times 2 = 1$

⑤　1.88 公尺

依題意，可推得爸爸的身高 $= 0.85 \times 2 + 0.18 = 1.7 + 0.18 = 1.88$ 公尺

⑥　80 公斤

依題意，可推得共賣出 $\frac{5}{8} + \frac{3}{8} \times \frac{1}{3} = \frac{5}{8} + \frac{1}{8} = \frac{6}{8} = \frac{3}{4}$ 箱

且共賣出 $1830 \div 30\frac{1}{2} = 1830 \times \frac{2}{61} = 60$ 公斤

故這箱柳丁共重 $60 \div \frac{3}{4} = 60 \times \frac{4}{3} = 80$ 公斤

⑦　C

因為前 3 次考試的平均分數是 70 分，所以前 3 次考試的總分為 $70 \times 3 = 210$ 分

而後 2 次考試的平均分數是 80 分，所以後 2 次考試的總分為 $80 \times 2 = 160$ 分

故 5 次考試的平均分數 $= \frac{210+160}{5} = \frac{370}{5} = 74$ 分

⑧　27.3 公尺

因為插在土裡的部分是全長的 $\frac{4}{7}$ 倍，所以露出來的部分是全長的 $1 - \frac{4}{7} = \frac{3}{7}$ 倍

故這根旗桿全長 $= 11.7 \div \frac{3}{7} = 11.7 \times \frac{7}{3} = 3.9 \times 7 = 27.3$ 公尺

複習二

單位換算

【長度】

① 因為 1 公尺 = 100 公分，1 公分 = 10 毫米
 所以 3 公尺 = 3 × 100 = 300 公分
 　　　 300 公分 = 300 × 10 = 3000 毫米

② 因為 1 公里 = 1000 公尺
 所以 17098 公尺 = 17000 公尺 +98 公尺 = 17 公里 98 公尺

【重量】

① 1 公斤 = 1000 公克

② 因為 1 公噸 = 1000 公斤
 所以 11 公噸 = 11 × 1000 = 11000 公斤

【容量】

① 616 立方公分。
 剪去 4 個 4 公分的正方形後
 紙盒的長邊 = 30 − 4 × 2 = 22 公分
 紙盒的寬邊 = 15 − 4 × 2 = 7 公分
 紙盒的高度 = 4 公分
 故紙盒的容積 = 22 × 7 × 4 = 616 立方公分

② 288 立方公分。
 因為木盒的厚度為 3 公分
 所以盒內底面邊長 = 18 − 3 × 2 = 12 公分
 　　　 盒內高度 = 5 − 3 = 2 公分
 故木盒的容積 = 12 × 12 × 2 = 288 立方公分

③ 432 立方公分
 因為原本水位是 7 公分，放入石塊後高度升到 10 公分
 故石塊的體積 = 水位上升所增加的體積 = 12 × 12 × (10 − 7) = 432 立方公分

時間

【時間的換算】

① 因為 1 日 = 24 小時

所以 58 小時 = 24 × 2 小時 +10 小時

= 2 日 10 小時

② 因為 1 小時 = 60 分鐘

所以 256 分鐘 = 60 × 4 分鐘 +16 分鐘

= 4 小時 16 分鐘

③ 因為 1 小時 = 60 分鐘，1 分鐘 = 60 秒

所以 2 小時 = 60 × 2 = 120 分鐘 = 120 × 60 = 7200 秒

④ 因為 1 小時 = 60 分鐘，即 1 分鐘 = $\frac{1}{60}$ 小時

所以 3 小時 15 分鐘 = 3 小時 +15 × $\frac{1}{60}$ 小時 = 3.25 小時

【時間的加減乘除】

① 3 日 15 時

$$
\begin{array}{cc}
日 & 時 \\
\overset{3}{\cancel{4}} & \overset{24}{11} \\
- & 20 \\
\hline
3 & 15 \\
\end{array}
$$

② 13 分 25 秒

$$
\begin{array}{cc}
分 & 秒 \\
5 & 39 \\
+ \ 7 & 46 \\
\hline
\cancel{12} & \cancel{85} \\
13 & 25 \\
\end{array}
$$

③ 3 月 22 日 17 時 00 分

```
        日    時
       21   11
    +       30
    ─────────────
       2̶1̶   4̶1̶
       22   17
```

故解除豪雨特報的時間為 3 月 22 日 17 時 00 分

④ 0 日 9 時

因為 2 日 15 時 = 2 × 24 + 15 = 63 時

所以 63 ÷ 7 = 9（時）

⑤ 26 分 6 秒

```
        分    秒
        4   21
    ×        6
    ─────────────
       2̶4̶  1̶2̶6̶
       26    6
```

因倍數

【因數與倍數】

① 24 有 8 個因數，在 1～100 內有 4 個倍數

24 的因數有：1、2、3、4、6、8、12、24，共 8 個

24 的倍數有：24、48、72、96、120、......，故在 1～100 內的為 24、48、72、96，共 4 個

② 50 的所有因數有：1、2、5、10、25、50

③ 因為 3 的倍數判別為「各位數字總和為 3 的倍數」

所以 3 的倍數有：420（各位數字總和＝6）

　　　　　　　　2130（各位數字總和＝6）

　　　　　　　　2511（各位數字總和＝9）

　　　　　　　　6192（各位數字總和＝18）

而 5 的倍數判別為「個位數字為 0 或 5」

所以 5 的倍數有：155、420、2130、5005

又 10 的倍數判別為「個位數字為 0」

所以 10 的倍數有：420、2130

【公因數與公倍數】

① 1、2、3、6

因為 12 的因數有：1、2、3、4、6、12

　　　42 的因數有：1、2、3、6、7、14、21、42

所以共同的因數有：1、2、3、6

② 45 片

因為餅乾每 3 個分裝成 1 袋，或者每 5 個分裝成 1 袋，都剛好可以分完

所以餅乾的片數為 3 與 5 的公倍數

又 3 的倍數有：3、6、9、12、15、18、21、24、27、30、33、36、39、42、45、48、51、......

　5 的倍數有：5、10、15、20、25、30、35、40、45、50、......

且<u>小明</u>的餅乾有四十幾片，故<u>小明</u>可能有 45 片餅乾

③ 正方形的邊長最小是 24 公分，共需要 12 個長方形

因為正方形的四邊等長，所以要用 8 公分、6 公分的長度拼出 1 個共同的長度，即為 8 與 6 的公倍數

又 8 的倍數有：8、16、24、32、40、......

　　6 的倍數有：6、12、18、24、30、......

故正方形的邊長最小為 24 公分，此時要用長 8 公分排 $24 \div 8 = 3$ 個，用寬 6 公分排 $24 \div 6 = 4$ 個，共需要 $3 \times 4 = 12$ 個長方形

【質因數分解與短除法】

① 取 14、15

因為 14 的因數有：1、2、7、14

　　15 的因數有：1、3、5、15

所以兩數的公因數只有 1，即兩數互質

但兩數都不是質數

② 1～20 的的質數有：2、3、5、7、11、13、17、19

③ $60 = 2 \times 2 \times 3 \times 5$

```
2 | 60
2 | 30
3 | 15
    5
```

④ 84 與 48 的最大公因數為 12，最小公倍數為 336

```
2 | 84   48
2 | 42   24
3 | 21   12
    7    4
```

故 84 與 48 的最大公因數 $= 2 \times 2 \times 3 = 12$

　　　　　　最小公倍數 $= 2 \times 2 \times 3 \times 4 \times 7 = 336$

比

【比率與百分率】

① $\frac{3}{10} = 3$ 個 $\frac{1}{10} = 0.3$（以小數表示）

$= \frac{30}{100} = 30\%$（以百分率表示）

② 55%

男生占全小學生的比率 $= \frac{165}{300} = \frac{55}{100} = 55\%$

③ 5 人

因為出席率為 80%，表示缺席率 $= 100\% - 80\% = 20\%$

故缺人數共有 $25 \times 20\% = 25 \times 0.2 = 5$ 人

④ 55 c.c.

奶茶由紅茶、鮮奶與開水調成，且紅茶占 $\frac{4}{7}$，鮮奶占 $35\% = \frac{35}{100} = \frac{7}{20}$

所以奶茶中開水占 $1 - \frac{4}{7} - \frac{7}{20} = \frac{140 - 4 \times 20 - 7 \times 7}{140} = \frac{11}{140}$，故有 $700 \times \frac{11}{140} = 55$ c.c.

⑤ 80%

濃度 95% 的酒精溶液 200 毫升，其中酒精有 $200 \times 95\% = 200 \times 0.95 = 190$ 毫升

濃度 75% 的酒精溶液 600 毫升，其中酒精有 $600 \times 75\% = 600 \times 0.75 = 450$ 毫升

所以混合後，總共有 $200 + 600 = 800$ 毫升的酒精溶液，

其中酒精有 $190 + 450 = 640$ 毫升

故混合後的酒精溶液濃度 $= \frac{640}{800} = \frac{80}{100} = 80\%$

【打折】

① B

(A)「打 75 折」表示售價要乘上 0.75

(B)「35% off」表示售價要乘上 $100\% - 35\% = 65\% = 0.65$

(C)「原價七成」表示售價要乘上 $70\% = 0.7$

(D)「原價少兩成」表示售價要乘上 $100\% - 20\% = 80\% = 0.8$

綜合上述，只要乘上的數愈少，就會是對消費者愈划算的折價方式，故選 B 選項

② 三年甲班

按照三年甲班的折扣方式，4 瓶飲料分成 2 組 2 瓶，分別打 7 折，

所以售價 $= (20 \times 2 \times 0.7) \times 2 = 28 \times 2 = 56$ 元

按照四年甲班的折扣方式，4 瓶飲料分成 2 組 2 瓶，每組的第二瓶打 6 折，

所以售價 $= (20 + 20 \times 0.6) \times 2 = 32 \times 2 = 64$ 元

按照五年甲班的折扣方式，4 瓶飲料的錢只算 3 瓶，

所以售價 $= 20 \times (4 - 1) = 20 \times 3 = 60$ 元

綜合上述，到三年甲班買 4 瓶飲料最便宜

【比與比值】

① $3 : 8 = 3 \times 3 : 8 \times 3 = 9 : 24$

② $4 : 11$

$\frac{2}{5} : 1.1 = \frac{2}{5} \times 10 : 1.1 \times 10 = 4 : 11$

③ 鮮奶占鮮奶茶的比率為 60%，紅茶占鮮奶茶的比率為 40%

因為 $1\frac{4}{21}$ 公升的鮮奶茶裡面有 $\frac{5}{7}$ 公升的鮮奶，

故鮮奶占鮮奶茶的比率 $= \frac{5}{7} \div 1\frac{4}{21} = \frac{5}{7} \times \frac{21}{25} = \frac{3}{5} = \frac{60}{100} = 60\%$

紅茶占鮮奶茶的比率 $= 100\% - 60\% = 40\%$

④ 405 位

因為男生人數：女生人數 $= 4 : 5$，且 $324 \div 4 = 81$

$4 : 5 = 4 \times 81 : 5 \times 81 = 324 : 405$，故女生有 405 位

⑤ 120 毫升的冬瓜茶、180 毫升的綠茶

因為冬瓜茶：綠茶 $= 2 : 3$，

表示冬瓜茶占冬瓜綠茶的 $\frac{2}{2+3} = \frac{2}{5}$，綠茶占冬瓜綠茶的 $\frac{3}{2+3} = \frac{3}{5}$

故需要 $300 \times \frac{2}{5} = 120$ 毫升的冬瓜茶、$300 \times \frac{3}{5} = 180$ 毫升的綠茶

⑥ (1) A 周長對 B 周長的比為 $3:2$，比值為 $\frac{3}{2}$

　　三角形 A 的周長 $= 9 + 12 + 15 = 36$ 公分，

　　三角形 B 的周長 $= 6 + 8 + 10 = 24$ 公分

　　故 A 周長對 B 周長的比 $= 36 : 24 = 3 : 2$，比值 $= \frac{A\,周長}{B\,周長} = \frac{3}{2}$

(2) B 面積對 A 面積的比為 $4:9$，比值為 $\frac{4}{9}$

　　三角形 A 的面積 $= \frac{1}{2} \times 9 \times 12 = 54$ 平方公分，

　　三角形 B 的周長 $= \frac{1}{2} \times 6 \times 8 = 24$ 平方公分

　　故 B 面積對 A 面積的比 $= 24 : 54 = 4 : 9$，比值 $= \frac{B\,面積}{A\,面積} = \frac{4}{9}$

【正比】

① 2250 公分

在同一時刻，物體長度跟影長的比例相等，

因此木棍長：木棍影長 = 樹高：樹影長，即 $150 : 40 = 樹高 : 600$

因為 $600 = 40 \times 15$，故樹高 $= 150 \times 15 = 2250$ 公分

② (1) ③

圖形要能跟表內每組小時、距離的數據對應，故只有圖中的 ③ 滿足

(2) 是

表內每組時間與距離的比值都是 $\frac{1}{80}$，故汽車行駛的時間與距離是成正比

③ D

(A) 假設 2 個正方形的邊長分別為 3 公分、4 公分，則它們的面積分別為 9 平方公分、16 平方公分

　　因為 $\frac{3}{9} \neq \frac{4}{16}$，所以正方形的「邊長」與「面積」不會是成正比關係

(B) 身高與體重之間沒有直接關係，因為身高很高的人，體重可重可輕，反之亦然

(C) 假設現在父親的年齡為 40 歲，女兒的年齡為 5 歲

　　則過了 1 年，父親的年齡為 41 歲，女兒的年齡為 6 歲

　　因為 $\frac{5}{40} \neq \frac{6}{41}$，所以「父親的年齡」與「女兒的年齡」不會是成正比關係

(D) 假設每顆足球售價 150 元，買 2 顆總價 300 元，買 5 顆總價 750 元

　　因為 $\frac{2}{300} = \frac{5}{750} = \frac{1}{150}$，所以足球的「顆數」與「總價」會成正比

【基準量與比較量】

①　A

因為題目問的是「買肉的錢是買菜錢的幾倍」，所以「買菜的錢」是基準量，即 42 元

②　32 元

依題意，今年雞蛋每台斤的價格比去年漲了 1 成，其中「去年雞蛋每台斤的價格」為基準量，「今年雞蛋每台斤的價格」為比較量

故去年雞蛋每台斤的價格 = 35.2 ÷ (1 + 0.1) = 35.2 ÷ 1.1 = 32 元

③　29500 元

依題意，小花的房租是薪水的 $\frac{2}{5}$ 倍，且繳完房租後剩下 17700 元，

所以繳完房租剩下的錢是小花薪水的 $\frac{3}{5}$ 倍，其中「小花的薪水」為基準量，「繳完房租剩下的錢」為比較量

故小花的薪水 = 17700 ÷ $\frac{3}{5}$ = 17700 × $\frac{5}{3}$ = 29500 元

④　238

依題意，乙是甲的 0.7 倍，其中「甲」為基準量，「乙」為比較量，

所以乙 = 甲 × 0.7

又兩數相差 42，表示甲 − 甲 × 0.7 = 42，即甲 × (1 − 0.7) = 42

故甲 = 42 ÷ (1 − 0.7) = 42 ÷ 0.3 = 140，乙 = 140 × 0.7 = 98，

兩數的和 = 140 + 98 = 238

【縮圖與比例尺】

①　D

因為「4 倍放大圖」指的是甲圖的邊長為乙圖邊長的 4 倍，即乙圖的邊長為甲圖邊長的 $\frac{1}{4}$ 倍

故乙圖的面積是甲圖面積的 $\frac{1}{4} \times \frac{1}{4} = \frac{1}{16}$ 倍

② (1) 150 公尺

　　$\frac{1}{5000}$ 表示地圖上的 1 公分，相當於實際長度 5000 公分，即 50 公尺

　　故比例尺圖示的括號應填上 50 × 3 = 150 公尺

　(2) 40 公里

　　1：800000 表示地圖上的 1 公分，相當於實際長度 800000 公分，

　　即 8000 公尺 = 8 公里

　　故比例尺圖示的括號應填上 8 × 5 = 40 公里

③　9 公分

　因為 4.5 公里 = 4500 公尺，且題目中的比例尺表示地圖上的 1 公分，相當於實際

　長度 500 公尺

　故火車站到學校在地圖上長約 4500 ÷ 500 = 9 公分

④　70 平方公尺

　在比例尺 1：200 的地圖上，表示地圖上的 1 公分，相當於實際長度 200 公分，即

　2 公尺

　故此三角形土地的底實際長為 5 × 2 = 10 公尺，高實際長為 7 × 2 = 14 公尺，

　即實際面積 = $\frac{1}{2}$ × 10 × 14 = 70 平方公尺

⑤　(1) B 點

　(2) $\overline{DE}$

　(3) 75 度

　　因為 D 點的對應點為 A 點，且 ∠A = 75 度，故 ∠D = 75 度

　(4) $\frac{1}{9}$ 倍

　　因為甲圖的邊長是乙圖邊長的 $\frac{1}{3}$ 倍，故甲圖的面積是乙圖面積的 $\frac{1}{3}$ × $\frac{1}{3}$ = $\frac{1}{9}$ 倍

⑥

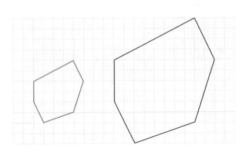

速率

【速率的計算】

① 時速 34 公里

因為速率 = $\frac{距離}{時間}$，故大吉開車的平均速率為時速 68 ÷ 2 = 34 公里

② 14.4 公里/小時

4 公尺/秒 = $\frac{4\ 公尺}{1\ 秒}$ = $\frac{0.004\ 公里}{\frac{1}{60} \times \frac{1}{60}\ 小時}$ = 0.004 × 3600 公里/小時 = 14.4 公里/小時

③ 20 公尺/分

因為上山與下山的總距離 = 2 + 2 = 4 公里 = 4000 公尺，

總時間 = 2 小時 +1 小時 20 分

= 2 × 60 + 60 + 20 分

= 200 分

故阿傑登山的平均速率 = 4000 ÷ 200 = 20 公尺/分

④ A

將表中的時間都換成「秒」，可推得

小喆的速率 = 100 ÷ 25 = 4 公尺/秒

小炘的速率 = 200 ÷ (60 + 28) ≒ 2.27 公尺/秒

小駿的速率 = 400 ÷ (60 × 2.5) ≒ 2.67 公尺/秒

小叡的速率 = 800 ÷ (60 × 4 + 58) ≒ 2.68 公尺/秒

故小喆的速率最快

⑤ 時速 56 公里

因為平時用時速 48 公里從甲地到乙地要騎 3.5 小時，

可推得甲地到乙地的距離 = 48 × 3.5 = 168 公里

現在只能花 3 小時，故時速要 168 ÷ 3 = 56 公里才能及時趕到

【速率的應用】

① 1545 公尺

因為兩人同時出發，相遇時經過的時間相等，且小柯的速率是小白的 3 倍

由速率 = $\frac{距離}{時間}$ 可知，小柯走的距離也會是小白的 3 倍

故小柯走了 2 公里 60 公尺 × $\frac{3}{4}$ = 2060 × $\frac{3}{4}$ = 1545 公尺

② 25 分鐘

因為小光先走 5 分鐘，相當於先走了 $60 \times 5 = 300$ 公尺，且接下來每經過 1 分鐘，小新會追近小光 $72 - 60 = 12$ 公尺

故小新從後追趕，經過 $300 \div 12 = 25$ 分鐘後，才會追上小光

③ 7 秒

因為從火車頭進山洞到火車尾出山洞，共開了 $135 + 40 = 175$ 公尺

故共需花費 $175 \div 25 = 7$ 秒

怎樣解題

【列式】

① A

依題意，共分給 a 位學生，每位學生拿到 6 張，所以分給學生的貼紙共有 $6 \times a$ 張

又還剩下 4 張，故利用貼紙總張數，可列出 $6 \times a + 4 = 76$

② $10 \times a + 7$

因為十位數字表示位值是 10，所以要將十位數字乘上 10，再加上個位數字

故這個二位數可表示成 $10 \times a + 7$

【解出未知數】

① 18

$a = 738 \div 41 = 18$

② 2182

$b = 1356 + 826 = 2182$

【列式並解題】

① $500 \times b + 100 \times 7 = 3200$

因為伍佰元的圖書禮券有 b 張，共有 $500 \times b$ 元

　　壹佰元的圖書禮券有 7 張，共有 100×7 元

這些禮券剛好可以買 1 套 3200 元的書籍，故可列出 $500 \times b + 100 \times 7 = 3200$

② 5 人

因為下車會讓車上人數變少，而上車會讓車上車上人數變多，

所以可列出 $49 - a + 8 = 52$

化簡後得 $57 - a = 52$，故 $a = 57 - 52 = 5$，即為剛才下車的人數

③ 61 人

假設所有學生人數為 a 人

因為學生人數的 $\frac{4}{7}$ 倍是男生人數，且男生有 244 人，所以可列出 $a \times \frac{4}{7} = 244$

故 $a = 244 \div \frac{4}{7} = 244 \times \frac{7}{4} = 427$，即所有學生人數為 427 人

而女生人數應為學生人數的 $1 - \frac{4}{7} = \frac{3}{7}$ 倍，即 $427 \times \frac{3}{7} = 183$ 人

故男生與女生相差 $244 - 183 = 61$ 人

【規律問題】

① 第 10 排，靠近窗戶的位置

因為座位每 4 號為一排，所以由 $37 \div 4 = 9 \dots 1$ 可知，

37 號的座位會在第 $9 + 1 = 10$ 排，且餘數為 1，表示跟號碼 1、5、......的座位在

同一直行，即靠窗的座位

② 可排出 26 個長方形，還剩下 1 根火柴棒

由左到右看，除了第一個長方形用了 4 根火柴棒之外，後面相連的每個長方形都用

3 根火柴棒

所以由 $(80 - 4) \div 3 = 25 \dots 1$ 可知，最多可排出 $25 + 1 = 26$ 個長方形，

且還剩下 1 根火柴棒

③ 64 人

由左到右看，除了第一張與第 10 張餐桌坐 8 人之外，其餘每桌都坐 6 人

故全部坐滿，共可坐 $6 \times (10 - 2) + 8 \times 2 = 48 + 16 = 64$ 人

【方陣問題】

① 30 個花片

依題意，花片可排成右圖，其中在頂點上的花片有 5 個，

任 2 個頂點之間也有 5 個花片

故總共有 $5 + 5 \times 5 = 5 + 25 = 30$ 個花片

【年齡問題】

① 8 年

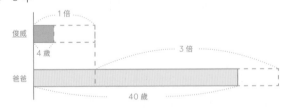

因為爸爸今年 40 歲，俊威今年 4 歲，無論過了多少年，兩人都相差 $40 - 4 = 36$ 歲

由上圖可知，相差的歲數會是俊威長大後歲數的 3 倍，即 $36 \div 3 = 12$ 歲

此時已過了 $12 - 4 = 8$ 年

【雞兔同籠】

① 30 顆巧克力，10 顆黃金糖

如果<u>小方</u>都買黃金糖，應花費 $40 \times 5 = 200$ 元，

但還差實際花費金額 $290 - 200 = 90$ 元

而每顆巧克力比每顆黃金糖貴 $8 - 5 = 3$ 元，即每將 1 顆黃金糖換成 1 顆巧克力，

花費金額就會多 3 元

故 $90 \div 3 = 30$，即應買了 30 顆巧克力，買了 $40 - 30 = 10$ 顆黃金糖

角

【角度加減】

① 角ㄅ為 85 度，角ㄆ為 70 度

角ㄅ $= 120 - 35 = 85$ 度

角ㄆ $= 180 - 110 = 70$ 度

【測量角】

① 85 度

由圖可知，兩線段所夾的角度 $= 115 - 30 = 85$ 度

【繪製角】

① 量角器中心對準線段其中一的頂點，並將線段對準刻度 0

接著，順著刻度數到 135，做個記號

移開量角器，再將剛才中心對準的頂點，跟記號連線，即可完成

三角形

【三角形的性質】

① (1)、(4)

可以組成三角形的三個邊，須滿足「任兩邊之和大於第三邊」

(1) $5 + 5 = 10 > 1$、$5 + 1 = 6 > 5$，可組成三角形

(2) 因為 $1.5 + 3 = 4.5 < 5$，所以不能組成三角形

(3) 因為 $4 + 5 = 9 < 10$，所以不能組成三角形

(4) $6 + 6 = 12 > 6$，可組成三角形

② 30 度

因為三角形的內角和為 180 度

故括號中的度數 $= 180 - 60 - 40 - 50 = 180 - 150 = 30$ 度

四邊形

【四邊形的性質與分類】

① (1) 正方形：A、B、C、D

(2) 長方形：B、C、D

(3) 平行四邊形：B、D

(4) 梯形：E

(5) 菱形：A、B、D

② (1) 角 1

剪開後，可知 ∠1 + ∠4 = ∠3 + ∠4 = 90°，即 ∠1 = ∠3

故角 3 的對應角為角 1

(2) 30 度

剪開後，可知 ∠2 + ∠3 = ∠3 + ∠4 = 90°，即 ∠2 = ∠4

故角 2 的對應角為角 4，兩角的度數皆為 30 度

(3) $\overline{EF}$

因為角 3 的對應角為角 1，且角 1 的對邊為 $\overline{BC}$

故角 3 的對邊即為 $\overline{BC}$ 的對應邊，也就是 $\overline{EF}$

多邊形

【多邊形的性質】

① 可分成 5 個三角形，內角總和為 900 度

如右圖，從 1 個頂點與其他頂點連線，可分成 5 個三角形

因為三角形的內角和為 180 度，

所以此多邊形的內角總和 = 180 × 5 = 900 度

圓

【圓的基本構成要素】

①

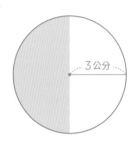

3公分

② 小圓的半徑為 1.5 公分，大圓的直徑為 6 公分

小圓直徑為 3 公分，故其半徑為 3 ÷ 2 = 1.5 公分

大圓半徑 = 小圓直徑 = 3 公分，故大圓的直徑為 3 × 2 = 6 公分

【圓周率與圓面積】

① 63.585 平方公分

圓直徑為 9 公分，所以半徑為 9 ÷ 2 = 4.5 公分

故此圓的面積大約為 4.5 × 4.5 × 3.14 = 20.25 × 3.14 = 63.585 平方公分

② 2 倍；2 倍

因為圓周長 = 直徑 × 3.14 = 2 × 半徑 × 3.14

故無論是直徑變成原來的 2 倍，還是半徑變成原來的 2 倍，

圓周長都變成原來的 2 倍

③ 4 倍

因為圓面積 = 半徑 × 半徑 × 3.14

故半徑變成原來的 2 倍時，圓面積會變成原來的 2 × 2 = 4 倍

④ 326.56 平方公尺

因為圓形城堡直徑為 50 公尺，所以半徑為 50 ÷ 2 = 25 公尺，

可求出城堡面積大約為 25 × 25 × 3.14 平方公尺

而護城河跟城堡形成了直徑為 50 + 2 + 2 = 54 公尺的圓，所以半徑為 54 ÷ 2 = 27

公尺，可求出兩者合起來的面積大約為 27 × 27 × 3.14 平方公尺

故護城河的面積大約為 27 × 27 × 3.14 − 25 × 25 × 3.14 = (729 − 625) × 3.14

$$= 104 × 3.14$$
$$= 326.56 \text{ 平方公尺}$$

【扇形】

① 1 個周角 = 360 度 = 2 個平角 = 4 個直角

因為 1 個周角 = 360 度，1 個平角 = 180 度，1 個直角 = 90 度

故 1 個周角相當於 360 ÷ 180 = 2 個平角，也相當於 360 ÷ 90 = 4 個直角

② 24 分之 5 圓

因為 1 個周角 = 360 度，所以圓心角 75 度的扇形占了 $\frac{75}{360} = \frac{5}{24}$

③

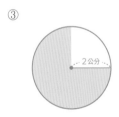

④ 182.8 公分。

弧長大約為 $60 × 2 × 3.14 × \frac{60}{360} = 120 × 3.14 × \frac{1}{6} = 20 × 3.14 = 62.8$ 公分

故此扇形周長大約為弧長 + 半徑 × 2 = 62.8 + 60 × 2 = 182.8 公分

⑤ 57 平方公分

連接陰影面積的對角線，可將其分成兩半

如右的拆解示意圖，每一半皆可由 $\frac{1}{4}$ 圓的扇形 – 等腰直角三角形
得到

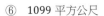

故所求面積大約為 $\left(10 \times 10 \times 3.14 \times \frac{1}{4} - \frac{1}{2} \times 10 \times 10\right) \times 2$

$$= \left(314 \times \frac{1}{4} - 50\right) \times 2$$
$$= 28.5 \times 2$$
$$= 57 \text{ 平方公分}$$

⑥ 1099 平方公尺

狗能移動的範圍如右圖所示，可拆成 4 個扇形部分

扇形 ①、②

每個扇形的圓心角為 $(360° - 90°) \div 2 = 135°$

因為繩長 20 公尺，故此部分狗能活動的範圍大約為

$$\left(20 \times 20 \times 3.14 \times \frac{135}{360}\right) \times 2 = \left(400 \times 3.14 \times \frac{3}{8}\right) \times 2$$
$$= 471 \times 2$$
$$= 942 \text{ 平方公尺}$$

扇形 ③、④

每個扇形的圓心角為 90°

此時繩子會被農舍卡住，長度只有 $20 - 10 = 10$ 公尺

故此部分狗能活動的範圍大約為 $\left(10 \times 10 \times 3.14 \times \frac{90}{360}\right) \times 2 = \left(100 \times 3.14 \times \frac{1}{4}\right) \times 2$
$$= 78.5 \times 2$$
$$= 157 \text{ 平方公尺}$$

綜合上述，狗總共能活動的範圍大約為 $942 + 157 = 1099$ 平方公尺

面積與周長

【1 平方公分格子計算面積】

① 11 平方公分

如右圖，塗色圖形可由圍住的長方形扣掉四周的直角
三角形 ①、②、③、④ 得到

故所求面積 $= 4 \times 5 - \frac{1}{2} \times 2 \times 2 - \frac{1}{2} \times 2 \times 4$

$\qquad - \frac{1}{2} \times 1 \times 3 - \frac{1}{2} \times 1 \times 3$

$\qquad = 20 - 2 - 4 - \frac{3}{2} - \frac{3}{2}$

$\qquad = 11$ 平方公分

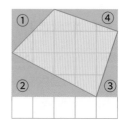

② 一樣大

因為 2 個長方形裡白色區域的三角形，底、高都一樣，所以相同的長方形區域扣掉
相同的三角形區域，最後留下的灰底面積會一樣大

【周長與長方形面積公式】

① 25 平方公尺

因為正方形的四邊等長，所以其邊長 = 20 ÷ 4 = 5 公尺

故其面積 = 5 × 5 = 25 平方公尺

② 周長會變為原來的 3 倍，面積會變為原來的 9 倍

因為正方形的周長 = 邊長 × 4，正方形的面積 = 邊長 × 邊長

故邊長變為原來的 3 倍時，周長也會變為原來的 3 倍，

而面積會變為原來的 3 × 3 = 9 倍

【平行四邊形、三角形與梯形面積公式】

①

(1)

(2)

(3)

② 39 平方公分

因上底為 3 公分、下底為 10 公分、高為 6 公分

故此梯形面積 = (3 + 10) × 6 ÷ 2 = 39 平方公分

【複合圖形面積】

① 816 平方公尺

此圖形可沿右圖中的虛線，拆成 2 個長方形

故此圖形面積 = 8 × 12 + 40 × 18

$$= 96 + 720$$

$$= 816 \text{ 平方公尺}$$

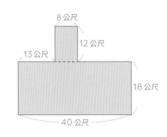

② 43200 平方公尺

灰底區域可在拼成新的平行四邊形，其中底邊長縮短為 360 − 40 = 320 公尺，

高縮短為 165 − 30 = 135 公尺

故灰底區域面積 = 320 × 135 = 43200 平方公尺

【面積單位換算】

① 40048 平方公分

因為 4 平方公尺 = 40000 平方公分

故 4 平方公尺 48 平方公分 = 40000 + 48 = 40048 平方公分

② 12 平方公尺

因為 40 公分 = 0.4 公尺，故長方形面積 = 30 × 0.4 = 12 平方公尺

體積與表面積
【單位換算】
① 6000000 立方公分

因為 1 立方公尺 = 1000000 立方公分

故 6 立方公尺 = 6 × 1000000 = 6000000 立方公分

② 7 立方公尺

因為 1 立方公尺 = 1000000 立方公分

故 7000000 立方公分 = 7000000 ÷ 1000000 = 7 立方公尺

【體積公式與表面積】
① 體積為 750 立方公分，表面積為 550 平方公分

此立體的長、寬、高分別為 15 公分、10 公分、5 公分

故體積 = 15 × 10 × 5 = 750 立方公分

$$表面積 = (15 \times 10 + 10 \times 5 + 15 \times 5) \times 2$$
$$= (150 + 50 + 75) \times 2$$
$$= 275 \times 2$$
$$= 550 \text{ 平方公分}$$

② 12560 立方公分，表面積為 3140 平方公分

此形體為圓柱，高為 40 公分，且底面圓直徑為 20 公分，即半徑為 10 公分

故體積大約為 (10 × 10 × 3.14) × 40 = 314 × 40 = 12560 立方公分

$$表面積大約為 (10 \times 10 \times 3.14) \times 2 + (2 \times 10 \times 3.14) \times 40$$
$$= 314 \times 2 + 62.8 \times 40$$
$$= 628 + 2512$$
$$= 3140 \text{ 平方公分}$$

【複合形體】

① 體積為 106250 立方公尺，表面積為 18250 平方公尺

$$= (25 + 25 + 50) \times 50 \times 25 - 15 \times 50 \times 25$$
$$= (100 - 15) \times 50 \times 25$$
$$= 85 \times 1250$$
$$= 106250 \text{ 立方公尺}$$

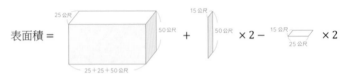

$$= (100 \times 50 + 50 \times 25 + 100 \times 25) \times 2 + (15 \times 50) \times 2 - (15 \times 25) \times 2$$
$$= (5000 + 1250 + 2500) \times 2 + 750 \times 2 - 375 \times 2$$
$$= 17500 + 1500 - 750$$
$$= 18250 \text{ 平方公分}$$

② 3925 立方公分

故體積大約為 $(10 \times 10 \times 3.14) \times 15 - (5 \times 5 \times 3.14) \times 10$
$$= 314 \times 15 - 78.5 \times 10$$
$$= 4710 - 785$$
$$= 3925 \text{ 立方公分}$$

③ 10800 立方公分

體積 $= (10 \times 30 \times 6) \times 6$
$$= 1800 \times 6$$
$$= 10800 \text{ 立方公分}$$

複習五

資料解讀

【時刻表】

① (1) 565、552、296

　　表中對到 G 市同一直行的時刻，比上午 10：00 早的時間有 3 個車次，即 565、552、296

(2) 23 分

　　552 車次於 07：36 從 A 市出發，於 09：11 抵達 G 市，共花費 1 時 35 分

　　565 車次於 07：27 從 A 市出發，於 09：25 抵達 G 市，共花費 1 時 58 分

　　故 552 車次比 565 車次快 1 時 58 分 – 1 時 35 分 = 23 分

(3) 上午 06：51

　　因為 552 車次於 07：36 從 A 市出發，所以要提早 20 分鐘抵達車站，

　　表示 07：16 要抵達

　　又小迪家到 A 市車站要 25 分鐘，

　　故小迪從家出發的時間為 7 時 16 分 – 25 分 = 6 時 51 分，即上午 06：51

【票價表】

① (1) 700 元

　　從「臺北」往下、「臺中」往左對照，兩者對到的同一格金額 700 元，即為從臺北站到臺中站的票價

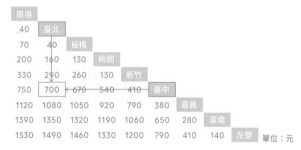

(2) 930 元

　　根據表中的資料及(1)的對照方法可知，從桃園站到臺南站的票價為 1190 元，從板橋站到新竹站的票價為 260 元，兩者相差 1190 – 260 = 930 元

(3) 南港站

　　從「嘉義」往左對照到 1120 元，再往上對照，可知佩潔要前往的站為南港站

① (1) 新新醫院

根據圖中前兩季的資料，新新醫院第一、二季的新生嬰兒人數分別為 35、25 人，
總共 35 + 25 = 60 人

生生醫院第一、二季的新生嬰兒人數分別為 20、30 人，總共 20 + 30 = 50 人

因為 60 > 50，故在前兩季，新新醫院的新生嬰兒比較多

(2) 第三季

根據圖中第一～四季的資料，生生醫院在這四季的新生嬰兒人數分別為 20、30、
40、30 人，故在第三季新生嬰兒最多

(3) 生生醫院

根據圖中第一～四季的資料，新新醫院在這四季的新生嬰兒人數分別為 35、25、
20、30 人，總共 35 + 25 + 20 + 30 = 110 人

生生醫院在這四季的新生嬰兒人數分別為 20、30、40、30 人，
總共 20 + 30 + 40 + 30 = 120 人

因為 110 < 120，故生生醫院在去年新生嬰兒比較多

②

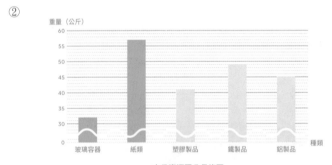

本月資源回收長條圖

【折線圖】

① (1) 6 萬

1 月的製造業平均薪資為 106646 元，用四捨五入法取概數至萬位得 11 萬元

2 月的製造業平均薪資為 53385 元，用四捨五入法取概數至萬位得 5 萬元

故兩者相差大約 11 − 5 = 6 萬元

(2) 18 萬

　　7 月的製造業平均薪資為 70814 元，用四捨五入法取概數至萬位得 7 萬元
　　8 月的製造業平均薪資為 62258 元，用四捨五入法取概數至萬位得 6 萬元
　　9 月的製造業平均薪資為 54606 元，用四捨五入法取概數至萬位得 5 萬元
　　故 7～9 月的製造業平均薪資總和大約 7 + 6 + 5 = 18 萬元

 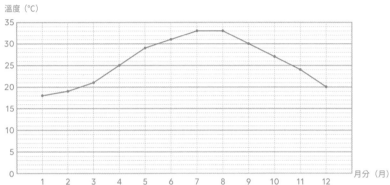

【圓形圖】

①　(1) 藍色，占 46%
　　　根據圓形圖中標記的百分率，最高的是 46%，對應到最喜歡的顏色是藍色

　　(2) 黑色，占 3%
　　　根據圓形圖中標記的百分率，最低的是 3%，對應到最喜歡的顏色是黑色

　　(3) 20%
　　　找出圓形圖中對應到白色的資料，其標記的百分率為 20%

　　(4) 100%
　　　根據圓形圖的所有數據，總和為 46% + 16% + 20% + 3% + 15% = 100%

② 根據得票數，每個地點得票數的百分率如下表。

地點	赤崁樓	安平古堡	延平郡王祠	億載金城	合計
得票數 (票)	36	25	10	14	85
百分率 (%)	42	29	12	16	99

因為百分率合計不到 100%，故將得票數最高的「<u>赤崁樓</u>」加 1%，變成 43%
利用調整後的百分率，完成圓形圖如下所示。

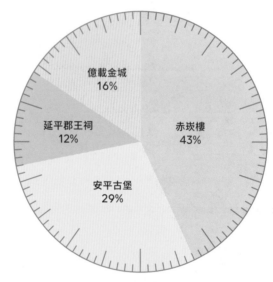

6 年級學生鄉土教學地點得票百分率圓形圖

【前往神奇的數學黑洞】

影音詳解：

1.　　C

想排出最大的數字，需要位值上愈往左的數字愈大愈好，

因此先將 4 擺放在千位，再將 0、3、1、4 從左到右由大至小排列，

就可以得到最大的數字為 4310

2.

從第 1 題可知，我們已找到最大的數，最小的數便是 0134，也就是 134

根據步驟 ②，4310 − 134 = 4176，就是他前往的第一顆星球位置編號。

3.　　C

因為 5555 無論怎麼排列，最大數字與最小數字都是 5555，

所以在執行步驟 ② 後，其計算結果為 0

4.

在這個平行數學宇宙，最多只有三位數。因此，我們將步驟中的四位數改成三位數，仿照原本的步驟 ①、②，試著找出平行宇宙的黑洞位置。

從第 3 題的答案知道，我們不能找三位數中，每個位數的數字都相同的來嘗試，其他數字則都可能抵達黑洞。

比方說：

(1) 先用 500 來試試看

　　步驟 ①：500 排列出的最大數字為 500、最小數字為 005

　　步驟 ②：500 − 5 = 495

(2) 再用 495 試試

　　步驟 ①：495 排列出的最大數字為 954、最小數字為 459

　　步驟 ②：954 − 459 = 495

從這兩個例子，我們發現 495 就是這個平行數學宇宙的黑洞位置編號囉！

【探索傳承千年的羅馬數字】

影音詳解：

1.　　B

根據表一，I = 1

所以 III 就是 I 乘上 3 倍，即 $1 \times 3 = 3$

2.　　D

根據表一，D = 500，C = 100，大數字的右邊放小數字，代表相加。

故 DC = D(500) + C(100) = 600

3.

從第 2 題可知，記在大數字左邊的小數字表示相減，且小數字只能是 I、X、C，

所以 40 = 50(L)−10(X) = XL

故 45 的羅馬數字表達方式為 40(XL) + 5(V) = XLV

4.

從第 2、3 題可知，XCIV = XC + IV = 100(C)−10(X) + 5(V)−1(I) = 94

5.

若 XIX 視為 21，表示將其拆解成 XIX = XI + X = 10(X) + 1(I) + 10(X)

但小數字 I(1)記在大數字 X(10)的左邊，應使用「左減」規則，

故上述拆解不符合「左減」規則，應拆解成 XIX = X + IX = 10(X) + 10(X)−1(I) = 19

【揭開神秘的馬雅數字】

影音詳解：

1.　　C

畫面中的符號是由 3 個點和 2 條線組成，對照圖一可以知道代表 13

2.

我們可以發現，從 1～4 時，每增加 1 個點就增加 1。當要表示 5 時，就會用 1 條線來取代，接著再繼續增加點。

因此可以歸納出：9 就是從 7 再加 2 個點，即 ●●●● ̄ ̄

3.

要把 531 拆成「400 乘以多少」＋「20 乘以多少」＋「1 乘以多少」，只有

「531 ＝ 400 × 1 ＋ 20 × 6 ＋ 1 × 11」符合答案。

※可以從十進位去思考，平常是如何把數字拆成「100 乘以多少」加上「10 乘以多少」加上「1 乘以多少」。

4.

從第 3 題可知，馬雅數字寫成一直排，由上到下分別是 400、20、1，並用點、線代表數量。所以圖中的符號表示有 5 個 400、11 個 20、6 個 1

故它表示的數字為 $400 \times 5 + 20 \times 11 + 1 \times 6 = 2226$

5.

從第 3 題可知，先把數字拆成「400 乘以多少」＋「20 乘以多少」＋「1 乘以多少」，再將這些乘以 400、20、1 的數量用點、線來表示，並由上到下寫成一直排，就能用馬雅數字表示這個數。

所以我們先來看看：1131 裡面，有多少個 400

$1131 \div 400 = 2 \ldots 331$ → 代表至少可以拆成 $400 \times 2 + 331$

接下來再來看剩下的 331 中，有多少個 20

$331 \div 20 = 16 \ldots 11$ → 331 可以拆成 $20 \times 16 + 11$

再結合前面的 400×2，就可以得到 $1131 = 400 \times 2 + 20 \times 16 + 1 \times 11$

符號依序是「2 個點」（2）、「1 個點 3 條線」（$1 + 5 \times 3 = 16$）、

「1 個點 2 條線」（$1 + 5 \times 2 = 11$），如右圖所示。

符號
●●
● ═══
● ══

41

【國中知識連結——指數】練習題

① (1) $3 \times 3 \times 3 \times 3 \times 3 \times 3 = 3^6$

(2) $10 \times 10 \times 10 \times 10 \times 10 \times 10 \times 10 \times 10 = 10^8$

② 157

根據四則運算的順序,須先計算指數,再由左而右,先乘除,後加減

故原式 $= 125 + 16 \times 2 = 125 + 32 = 157$

③ $a < b < c$

因為 $2 > 1$,所以指數愈大,其值愈大,故 $a < b < c$

④ $a > b > c$

因為 $0.5 < 1$,所以指數愈大,其值愈小,故 $a > b > c$

單元二

【揭穿孔子薪水的真相】

影音詳解：

1.　　D
根據公制單位的換算，1 公升為 1000 毫升。

2.
因為當時 1 釜是 64 升，且當時的 1 升約是現代公制的 190 毫升，
故當時的 1 釜 = 64 × 190 = 12160 毫升。

3.
因為 1 公升是 1000 毫升，且從第 2 題可知，1 釜 = 12160 毫升，也就是 12.16 公升，
所以中等飯量 3 釜 = 12.16 × 3 = 36.48 ≒ 36 公升。

4.
因為 1 公升的小米大約是 0.75 公斤重，且從第 3 題可知，中等飯量的人每個月要吃掉 36
公升的小米，即 36 × 0.75 = 27 公斤。換算成 1 年則要吃 27 × 12 = 324 公斤的小米。
孔子的年薪 6 萬斗小米，大約是 9 萬公斤重，故 90000 ÷ 324 = 277.7 ...
可供應約 277 位弟子 1 年的飯量。

【阻止燃油加錯的危機】

影音詳解：

1. 否

1 磅 = 0.454 公斤 < 1 公斤，

所以 1 磅的油比 1 公斤的油少。

2.

因為 1 磅 = 0.454 公斤，所以 22000 公斤的油相當於 22000 ÷ 0.454 ≒ 48458 磅。

故飛機少加了約 48458 − 22000 = 26458 磅的油。

3.

從第 2 題可知，飛機少加了 26458 磅的油，

所以機組人員最少需要再加約 26458 × 0.568 ≒ 15028 公升的油。

4.

從第 2 題可知，26458 ÷ 48458 ≒ 0.55，也就是少加了一半左右的油，

所以飛機大約會在一半的位置降落，也就是圖中的 *B* 點。

【揭示超乎想像的一元價值】

影音詳解：

1.   **D**

從表一可知，銅占 1 個 1 元硬幣材質中的 92%，比其他金屬所占的比例都高。

2.

從表一可知，1 個 1 元硬幣的重量為 3.8 公克，

故 100 萬個 1 元硬幣的重量為 3.8 公克 × 100 萬 = 380 萬公克 = 3800 公斤 = 3.8 公噸。

3.

從第 2 題可知，100 萬個 1 元硬幣的重量為 3.8 公噸，且每個硬幣都有 92% 的銅，

所以 100 萬個 1 元硬幣中，所含銅的總重量為 3.8 × 92% = 3.496 公噸。

4.

從第 2 題可知，100 萬個 1 元硬幣的重量為 3.8 公噸，根據表二每公噸的美元報價，

可推算其中的金屬市價為 3.8 × (9000 × 92% + 16000 × 6% + 2000 × 2%) = 35264 美元。

5.

從第 4 題可知，100 萬個 1 元硬幣裡的金屬市價為 35264 美元，

相當於新臺幣 35264 × 2800 ÷ 100 = 987392 元，

但 987392 < 1260000，不只沒有 26% 的套利空間，

熔出來的金屬價值甚至沒有超過新臺幣 100 萬元的面額。

【國中知識連結——比例】練習題

① (1) 4

$$\frac{16}{4} = \frac{16 \div 4}{4 \div 4} = 4$$

(2) $\frac{1}{4}$

$$\frac{0.5}{2} = \frac{0.5 \times 2}{2 \times 2} = \frac{1}{4}$$

② (1) 5：1

因為 125 跟 25 的最大公因數為 25，

所以化簡成最簡整數比可得 $(125 \div 25)：(25 \div 25) = 5：1$

(2) 1：4

因為 $1.5：6 = (1.5 \times 2)：(6 \times 2) = 3：12$，且 3 跟 12 的最大公因數為 3，

所以化簡成最簡整數比可得 $(3 \div 3)：(12 \div 3) = 1：4$

③ (1) $16：48 = 4：a$

以內項乘積等於外項乘積，可得 $16 \times a = 48 \times 4$

化簡後得 $16 \times a = 192$

故 $a = 12$

(2) $5：3 = a：24$

以內項乘積等於外項乘積，可得 $5 \times 24 = 3 \times a$

化簡後得 $120 = 3 \times a$

故 $a = 40$

④ 3：4

因為 $\frac{x}{3} = \frac{y}{4}$，所以 $4x = 3y$，即 $x = \frac{3}{4}y$，$\frac{x}{y} = \frac{3}{4}$，故 $x：y = 3：4$

單元三

【追尋都市綠化的理想】

影音詳解：

1.　　B

20% 中的「%」指的是「$\frac{1}{100}$」，所以 $20\% = \frac{20}{100} = \frac{1}{5}$

2.　　C

因為平地上有 10 萬 ＝ 100000 顆樹，且平均 1 棵樹的樹冠面積約為 16 平方公尺，

所以臺北市平地的樹冠總面積約為 $16 \times 100000 = 160$ 萬平方公尺。

又臺北市平地面積約有 1.3 億 ＝ 13000 萬平方公尺，

故臺北市平地的樹冠覆蓋率為 $160 \div 13000 \fallingdotseq 0.012 = 1.2\%$

3.

因為臺北市平地面積約有 1.3 億 ＝ 13000 萬平方公尺，且平均 1 棵樹的樹冠面積

約為 16 平方公尺，所以要達到樹冠覆蓋率 20%，應至少要有

13000 萬 × 20% ÷ 16 = 162.5 萬 ≒ 163 萬棵樹。

4.

從第 2、3 題可知，臺北市平地還需要 163 萬 – 10 萬 = 153 萬棵樹，才能讓樹冠覆蓋率達

到 20% 的目標。

因為平均一棵樹的樹冠面積約為 16 平方公尺，所以還需要 153 萬x16=2448 萬平方公尺的

土地來種樹。

又臺北市平地的閒置公有空地約為 5500 萬平方公尺，2448 ÷ 5500 ≒ 0.445

故至少需要使用 44.5% 的閒置公有空地。

【揭開九龍城寨的神秘面紗】

影音詳解：

1.　是
1 公頃 = 10000 平方公尺 > 1 平方公尺。

2.
因為 1 公頃 = 10000 平方公尺，所以 2.6 公頃相當於 2.6 × 10000 = 26000 平方公尺。

3.
從第 2 題可知，每層樓的總面積 2.6 公頃，相當於 26000 平方公尺，共 14 層樓，且在最擁擠的時候，有 50000 人住在九龍城寨，

所以每人平均擁有的居住空間為 26000 × 14 ÷ 50000 = 7.28，大約 7 平方公尺。

4.
從第 3 題可知，九龍城寨每人平均擁有約 7 平方公尺的居住空間，

故臺灣每人平均擁有的居住空間是九龍城寨的 50 ÷ 7 = 7.14 …，大約 7 倍。

5.
◎解法一

從第 3 題可知，要讓九龍城寨的居民平均居住空間和臺灣一樣大，表示每人平均擁有約 50 平方公尺的居住空間，

所以根據九龍城寨的每樓層的總面積與樓層數，可以住約 26000 × 14 ÷ 50 = 7280 人

故須撤離約 50000 − 7280 = 42720 人。

◎解法二

承第 4 題，因為臺灣每人平均擁有的居住空間，約為九龍城寨的 7 倍，

所以大約只能留下 $\frac{1}{7}$ 的居民，也就是需要搬離 $\frac{6}{7}$ 的人

故大約是 $50000 × \frac{6}{7} ≒ 42857$ 人。

【善用特殊的測量工具「枡」】

影音詳解：

1. 　　是
圖中可見這瓶飲料只有 125 毫升，比 180 毫升少，故「一合枡」的容量比較多。

2. 　　C
因為是 180 毫升的一半，所以此時枡中有 $180 \times \frac{1}{2} = 90$ 毫升的水。

3.
因為是 180 毫升的 $\frac{1}{6}$，所以此時枡中有 $180 \times \frac{1}{6} = 30$ 毫升的水。

補充說明：此圖形各個三角錐容量皆相等，並且是圖三的 $\frac{1}{3}$

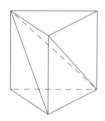 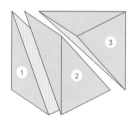

4.
假設 2 個枡的名字分別為 A、B

先在 A 枡中量出 90 毫升，逐漸倒入 B 枡中，直到 A 枡變成圖四中的情況，

此時 A 枡有 30 毫升，B 枡有 60 毫升。

再把 A 枡的水倒滿量出 90 毫升，加入 B 枡中，就可以取得 150 毫升。

5.
此題答案非唯一解，因最小可量測的容量為 30 毫升，只要以 30 毫升為倍數，在 360 毫升以內皆可完成。

例如：
可以量出 270 毫升。
假設 2 個枡的名字分別為 *A*、*B*
只要將 *A* 枡裝滿 180 毫升，再將 *B* 枡的水裝到變成圖三的樣子，即 90 毫升，
此時 2 個枡合計的容量，就是 270 毫升。

【國中知識連結——三視圖】練習題

①

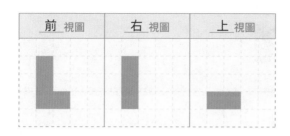

② C

　　因為以前方所對應的右方所觀察到之視圖，才是此圖形的右視圖，故應選(C)

③

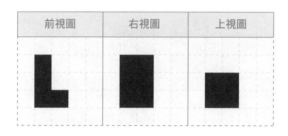

【創造健康的飲食方式】

影音詳解：

1. D

觀察表一中的左方欄位，找到「蛋白質」，其右邊的資料「20%」就是此營養成分所占的百分比。

2.

繪製出的圓形圖，如下圖所示。

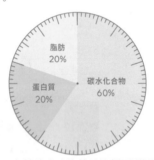

三大營養成分的熱量比例圓形圖

3.

營養師建議小蘭每天攝取 1800 大卡的熱量，因此他每天應該攝取的蛋白質，

可換算出 1800 大卡 × 20%（也就是蛋白質應占的比例）＝ 360 大卡的熱量。

4.

這邊要特別注意，這題問的是「公克」，和上一題的「大卡」單位不同。

而這兩者的換算，可以從題目找尋線索。

題目中提到「每吃 1 公克的蛋白質，會產生 4 大卡的熱量」，且從第 3 題可知，小蘭每天應

該攝取的蛋白質，可換算出 360 大卡的熱量

因此 360 ÷ 4 ＝ 90，可得出要取得 360 大卡的熱量，必須吃 90 公克的蛋白質。

5.

從第 4 題得知，小蘭總共需吃 90 公克的蛋白質，而他今天已經吃了 54 公克的蛋白質，

還差 90 － 54 ＝ 36 公克。

因為 1 湯匙的蛋白粉有 24 公克的蛋白質，所以 36 公克的蛋白質，

相當於 36 ÷ 24 ＝ 1.5 匙

故只需沖泡 1.5 匙蛋白粉，即可補充缺少的 36 公克蛋白質。

【解讀生命靈數的奧秘】

影音詳解：

1. **A**

將年、月、日的數字都拆開相加，得到 $2 + 0 + 0 + 1 + 2 + 2 + 7 = 14$

再拆成個位數相加，得到 $1 + 4 = 5$

故小夫的生命靈數為 5

2. **D**

經觀察後可以發現，生命靈數的順序為 1～9 輪流出現，或者說 678912345 輪流出現，

2 月 1 日以 6 開始，最後會以 5 作結，完成 1 次循環。

由於 2001 年為平年，2 月有 28 天，$28 \div 9 = 3 \dots 1$，故 2 月 28 日的生命靈數為 6

代表在經歷 3 次循環之後，又數到第四次的起始，所以會多數 1 次 6

由此得知，生命靈數 6 在 2 月出現最多次。

3. **C**

生命靈數出現的次數 = 當年的天數，2001 年為平年，共有 365 天，即所有生命靈數出現的

次數總共有 365 次

根據圖一，生命靈數 9 出現 41 次，故比例為 $41 \div 365 \fallingdotseq 0.1123$，約 11%

4.

根據圖一的生命靈數統計，出現最少次的生命靈數所占的比例最低也有 $\frac{39}{365} \fallingdotseq 10.68\%$，

不論在什麼年分，每個生命靈數數字出現的次數，比例都會超過 1%，超過能力優異的少數

人才的人數比例。即使生命靈數是 9，最少也有 10% 的人不符合能力優異的定義，這個標題

顯然不合理。

【破解爬山事故年齡的迷思】

影音詳解：

1.　　C

僅就表一上所呈現的資訊判斷，事故比例最高的是 50～59 歲的 40%

2.

根據表一，50～59 歲入園人數比例為 27%，且總共有 42143 人核准進入，
故 50～59 歲入園人數為 42143 × 0.27，約 11379 人。

3.

因為所有發生事故的人數為 62 人，且根據表一，50～59 歲發生事故的比例為 40%，
故 50～59 歲發生事故的實際人數應為 62 × 0.4，約 25 人。

4.

從第 2 題可知，50～59 歲的入園人數約為 11379 人，且從第 3 題可知，50～59 歲發生事故的實際人數約為 25 人，
故 50～59 歲的入園遊客中，發生事故的人口百分率應為 25 ÷ 11379 ≒ 0.22%

5.

根據表一，70 歲以上入園人數比例為 1%，大約 42143 × 0.01 ≒ 421 人，且 70 歲以上發生事故的實際人數約為 62 × 0.06 ≒ 4 人，
所以 70 歲以上的入園遊客中，發生事故的人口百分率應為 4 ÷ 421 ≒ 0.95%
從第 4 題可知，50～59 歲的入園遊客中，發生事故的人口百分率為 0.22%，
故 70 歲以上的事故比例應該比 50～59 歲的高。

【國中知識連結——統計圖表與數據】練習題

①

品項 ＼ 溫度	冰	溫	熱	合計
奶茶	5	3	1	9
紅茶	6	5	2	13
合計	11	8	3	22

②

數學成績（分數）	次數（人）
30~40	1
40~50	2
50~60	3
60~70	7
70~80	6
80~90	8
90~100	3
合計	30

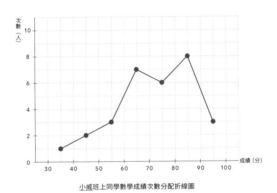

小威班上同學數學成績次數分配折線圖

③　54

$$\frac{48+55+58+51+52+60}{6}=54$$

④　17

將資料由小到大排序後，得 8、11、15、17、18、21、29

因為總共有 7 筆資料，所以中位數為排在第 $\frac{7+1}{2}=4$ 筆的資料，即 17

⑤　19

因共有 8 筆資料，所以中位數為第 $\frac{8}{2}=4$ 筆，與第 $\frac{8}{2}+1=5$ 筆的平均數，

即 $\frac{18+20}{2}=19$

單元五

影音詳解：

1.

紅色代表小時，出現在邊長為 1 和 3 的正方形裡，所以時間是 $1 + 3 = 4$，即 04：00

2.

從第 1 題可知，紅色代表小時，出現在邊長為 5 的正方形裡，所以小時部分是 5 時。

而綠色代表分鐘，出現在邊長為 2 和 3 的正方形裡，要先把正方形的邊長加起來再乘以 5，

所以分鐘部分是 $(2 + 3) \times 5 = 25$ 分。

故圖中表示的時間為 05：25

3.

因為圖中出現藍色，所以

小時 ＝ 紅色 ＋ 藍色 ＝ $(1 + 5) + (2 + 3) = 11$

分鐘 ＝ (綠色 ＋ 藍色) $\times 5 = (1 + 2 + 3) \times 5 = 30$

故圖中表示的時間為 11：30

4.

「6 時」可用 $1 + 5$、$1 + 2 + 3$ 來組合，且這裡的每個數字都可能是紅色或藍色。

「50 分」先除以 5，即 $50 \div 5 = 10$，表示要用綠色或藍色組出邊長總和為 10。我們可以用

$2 + 3 + 5$、$1 + 1 + 3 + 5$ 來組合出 10，且這些數字可能是綠色或藍色。

根據上述，可以推得至少以下 2 種不同的表示方式：

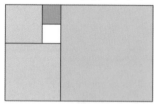

小時 ＝ 紅色 ＋ 藍色 ＝ $1 + (2 + 3) = 6$

分鐘 ＝ (綠色 ＋ 藍色) $\times 5 = (5 + 2 + 3) \times 5 = 50$

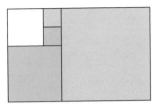

小時 = 紅色 + 藍色 = 0 + (1 + 5) = 6
分鐘 = (綠色 + 藍色) × 5 = (1 + 3 + 1 + 5) × 5 = 50

【尋找跨國球賽的時差平衡】

影音詳解：

1.　C

<u>日本</u>當地的時間比<u>臺灣</u>快 1 小時，即<u>臺灣</u>時間要再加上 1 小時才是<u>日本</u>的時間

所以在<u>日本</u>的時間會是<u>臺灣</u>時間的 7 點再加上 1 小時，因此此時<u>日本</u>的時間是 8 點。

2.

因為<u>美國紐約</u>的時間比<u>臺灣</u>慢 13 個小時，表示<u>臺灣</u>比<u>美國紐約</u>快了 13 小時，因此要把當地時間的下午 1 時 30 分再加上 13 小時，為 24 小時制的 26 時 30 分，過 24 時已到隔日，經過換算，26 時 30 分－24 時＝2 時 30 分，因此答案會是凌晨的 2 時 30 分。

3.

「日光節約時間」讓<u>美國</u>當地的時鐘調快 1 小時，表示<u>臺灣</u>比<u>美國紐約</u>快了 12 小時，根據上題的結果，表示不用等到 2 時 30 分，1 時 30 分就開打了。

4.

<u>英國倫敦</u>時間 7/2 下午 4 時 30 分，時間比<u>臺灣</u>慢 7 個小時，反過來說，代表<u>臺灣</u>比<u>英國倫敦</u>快 7 小時，<u>臺灣</u>時間將是 16 時 30 分＋7 時＝23 時 30 分，也就是<u>龍馬</u>必須在<u>臺灣</u>時間晚上 11：30 前抵達<u>英國倫敦</u>。

但這班飛機抵達<u>英國倫敦</u>時，<u>臺灣</u>時間為 6 時 30 分＋20 時＝26 時 30 分，即<u>臺灣</u>時間 7/3 凌晨 2 時 30 分才會抵達<u>英國倫敦</u>，不可能趕上比賽開始時間。

【釐清區間測速的優缺點】

影音詳解：

1. 是
因為時速 60 公里超過了限制的時速 40 公里，所以有超速。

2.
由距離÷時間＝速率，得 4 ÷ 5 ＝ 0.8 公里/分

3.
由距離÷速率＝時間，得 4 ÷ 40 ＝ 0.1 小時
0.1 小時 ＝ 0.1 × 60 分鐘 ＝ 6 分鐘
故不可少於 6 分鐘

4.
$\frac{3}{80} + \frac{1}{100}$ ＝ 0.0375 ＋ 0.01 ＝ 0.0475 小時 ＝ 0.0475 × 60 分鐘 ＝ 2.85 分鐘
從第 3 題可知，經過此路段的時間不可少於 6 分鐘，
所以最少停留了 6 － 2.85 ＝ 3.15 分鐘。

【國中知識連結——數列】練習題

① (1) 26

從第 3 項開始，每項都是前兩項的總和，

例如 $a_3 = 4 = 2 + 2 = a_1 + a_2$、$a_4 = 6 = 2 + 4 = a_2 + a_3$

故空格為第 7 項，其值應為 $a_5 + a_6 = 10 + 16 = 26$

(2)

從圖形規律，可觀察到是以下 5 種圖樣依序出現：

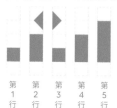

第 第 第 第 第
1 2 3 4 5
行 行 行 行 行

因為 $112 \div 5 = 22 \dots 2$，所以第 112 行的圖樣應跟第 2 行的相同

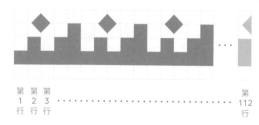

第 第 第　　　　　　　　　　　　　　　　　第
1 2 3 ・・・・・・・・・・・・・・・・・・・ 112
行 行 行　　　　　　　　　　　　　　　　　行

②

因為此為等差數列，所以公差 $= 11 - 5 = 6$

故此等差數列的各項為 5、11、17、23、29、35

③ 65

$a_{16} = a_1 + (16 - 1) \times d = 20 + (16 - 1) \times 3 = 20 + 15 \times 3 = 20 + 45 = 65$

④ 30

假設此三數為 a、b、c，則等差中項 $b = 10$

因為等差中項 $b = \frac{a+c}{2}$，所以 $a + c = 2b = 20$

故 $a + b + c = 10 + 20 = 30$